AF226510

INSTRUCTION

SUR LE MEILLEUR EMPLOI

DE LA POMME-DE-TERRE

DANS SA CO-PANIFICATION AVEC LES FARINES DE CÉRÉALES.

PAR A. A. CADET-DE-VAUX,

Ancien Professeur de l'École de boulangerie, de la Société royale et centrale d'agriculture, etc., etc., Censeur royal honoraire.

———

A PARIS;

Chéz {
L. COLAS, rue du Petit-Bourbon Saint-Sulpice, n°. 14;
Madame HUZARD, rue de l'Éperon, n°. 7.

1817.

INSTRUCTION

SUR LE MEILLEUR EMPLOI

DE LA FORCE DE GUERRE

EN RAPPORT AVEC LES ÉTATS
DE GUERRE.

IMPRIMERIE DE FAIN, RUE DE RACINE, PLACE DE L'ODÉON.

Ancien Professeur de l'École de Fontenay, de la
Société royale et centrale d'agriculture, etc.,
Conseiller d'Économie.

À PARIS,

Chez { L. COLAS, rue du Petit-Bourbon Saint-
Société, n°. 14;
Madame HUZARD, rue de l'Éperon, n°.

1817.

AUX HABITANS

DES CAMPAGNES.

Les amis de l'économie et les sociétés agricoles dont ils font partie, convaincus des ressources multipliées que peuvent offrir à la subsistance des peuples la pomme-de-terre soumise aux diverses appropriations dont elle était susceptible, mais surtout à sa co-panification avec les céréales, se sont fait un devoir d'en signaler les procédés; de mon côté, j'ai cru devoir prendre l'initiative sur le meilleur emploi de ces procédés, comme m'étant spécialement livré à ces diverses expériences, et, en ma qualité d'ancien professeur de l'École

de boulangerie, ayant enseigné et pra-
tiqué cet art. Tel est l'objet de cette
Instruction, que j'offre spécialement à
l'habitant des campagnes.

INSTRUCTION

SUR

LE MEILLEUR EMPLOI DE LA POMME-DE-TERRE

DANS SA CO-PANIFICATION

AVEC LES FARINES DE CÉRÉALES.

PRÉLIMINAIRES.

———

Avant de nous occuper des procédés de panification, arrêtons-nous à des observations préliminaires ; les arts, de nos jours, se font précéder de l'instruction.

La première chose à connaître, ce sont les produits de la substance dont on fait emploi ; voyons donc ceux que nous allons obtenir de la pomme-de-terre.

Produits de la Pomme-de-terre.

Soumise à l'action de la râpe, elle va donner, par quintal, à de légères différences près, ces quantités :

Fécule ou amidon . . 16 liv.
Parenchyme . . . . . 9 } 25 l.
ce qui admet } 100 l.
Eau de végétation 75

Nous n'avons point à parler de cette eau de végétation qui va être rejetée.

Farine par extraction.

Ces deux produits, *fécule* et *parenchyme*, tout formés dans la pomme-de-terre, qu'on en extrait par le déchirement de ses tubercules, prennent le nom de *farine par extraction*.

Séparés de l'eau de végétation, ils ne diffèrent point en qualités ; c'est cette eau qui imprime aux pommes-de-terre ces différences de saveur et d'odeur.

De la Fécule.

La fécule ou amidon de pomme-de-terre, aujourd'hui généralement connue, se présente sous forme d'une substance de la plus grande blancheur et pulvérulente, après sa dessiccation à l'air ou à une douce chaleur.

La fécule est à la pomme-de-terre ce qu'est

au froment, à l'orge, etc., leur amidon, qui est un des principes nutritifs des céréales.

De son Emploi dans le pain.

La fécule de pomme-de-terre s'est introduite, il y a trente ans, dans les pâtisseries de luxe, qu'elle rend beaucoup plus fraîches et susceptibles dès lors de se conserver long-temps. Pourquoi donc ne la ferait-on pas entrer dans le pain, auquel notre fécule communique les mêmes propriétés ?

Du Parenchyme.

Faisons connaître ce produit inconnu, au moins sous le rapport de ses propriétés.

Nous venons de dire que la fécule était à la pomme-de-terre ce que l'amidon était au froment ; disons du parenchyme qu'il est à la fécule ce que, dans le froment, le gruau est à la farine, c'est-à-dire, plus nutritif et plus savoureux que ne l'est la fécule.

Toutefois ce produit si précieux était rejeté, dans les manufactures de fécule, comme déchet, et même comme immondices.

Cependant j'avais signalé, il y a plusieurs années, ce parenchyme pour être restitué à l'économie alimentaire ; et l'heureux emploi que j'en ai récemment fait, justifie cette appropriation.

De son Emploi dans le pain.

Ce parenchyme vient de remplir sa destination, en améliorant tout pain dans la composition duquel il entre ; et les 9 liv. qu'il donne, par quintal de pomme-de-terre, produisent de 13 à 14 liv. de pain ; c'est donc 40 liv. d'un pain aussi savoureux que nutritif, que, par setier de 300 liv., on conquiert pour la subsistance publique et privée, surtout pour l'indigence ; car de rien faire quelque chose est une conquête de l'art sur la nature. Nous allons extraire ce parenchyme en même temps que la fécule.

PROCÉDÉ D'EXTRACTION DE LA FARINE DE CE NOM,

Du Lavage.

Il importe de nettoyer exactement la pomme-de-terre : on la met, à cet effet, préalablement tremper dans l'eau ; on la lave dans des auges ou baquets, en autant de lits minces, avec un balai usé ; mais on n'en détache pas, par ce moyen, les portions terreuses, profondément logées dans la cavité des yeux ; ce qui exige une brosse rude, et, s'il le faut, l'extraction, à l'aide de la pointe d'un couteau, des points adhérens.

Si on pelait les tubercules, opération longue et dispendieuse, on obtiendrait blanc le parenchyme que les débris de la peau colorent, et on éviterait l'inconvénient de rencontrer sous la dent les parties sableuses dont le pain n'est pas exempt, lorsque le lavage n'est point exact.

Du Moulin-râpe.

Une râpe en tôle, plate et montée sur un châssis, suffit à la petite économie domestique ; en grand, c'est un moulin-râpe.

Il consiste en un cylindre creux ou plein, revêtu d'une râpe en tôle, les trous multipliés autant que possible. Ce cylindre est monté sur un châssis que surmonte une caisse carrée, destinée à recevoir les tubercules qu'on comprime à l'aide d'une planche chargée de poids ; le moulin se meut à l'aide d'une simple manivelle. C'est de 4 à 500 liv. par heure qu'on obtient d'un cylindre de 40 pouces de circonférence sur 20 de longueur.

Le prix d'un tel moulin est de 60 francs ; mais l'industrie aura bientôt perfectionné, et la concurrence diminué le prix de cet appareil.

Expression de la farine par extraction.

Doit-on confondre nos deux produits, fécule et parenchyme, à l'effet de les employer frais et humides ? On les égoutte d'abord dans des mannes plates, garnies d'une toile serrée, afin ne rien perdre de la fécule ; après quoi, on les lave à grande eau pour leur enlever celle de végétation, qui rendrait sensible, dans le pain, la présence de la pomme-de-terre ; égouttés de nouveau et fortement exprimés, les deux produits s'emploient dans cet état.

De leur Séparation.

Veut-on employer séparément fécule et parenchyme ? Rien de plus facile que leur séparation.

On verse sur un tamis de crin la pomme-de-terre, à mesure du râpage : l'eau de végétation entraîne la fécule, le parenchyme reste sur le tamis sous sa forme filamenteuse, et on lave l'un et l'autre à grande eau. Ce sera la pellicule de la pomme-de-terre, divisée et confondue avec le parenchyme, qui lui donne une teinte bise, mais qui n'influera point sur sa saveur.

La fécule déposée, on l'égoutte; on enlève de sa surface quelques matières étrangères, et, de la base du pain qu'on détache du vase, les parties terreuses qui ont échappé au lavage, pour employer séparément ces produits, ou humides, ou après les avoir fait sécher.

Ce procédé rentre dans le cercle de ceux qui sont familiers à l'économie domestique.

De la Dessiccation des deux produits.

Entre deux produits de même nature, mais dissemblables dans leur état ou d'humidité ou de sécheresse, il doit exister une différence notable : c'est ce qui a lieu dans cette circonstance. Quelle différence entre une amande fraîche dont on ne peut extraire d'huile, et cette même amande sèche qui en donne près de moitié de son poids!

Or donc, si on emploie nos produits frais et humides, ce ne peut guère être qu'en tiers qu'on les associera aux farines céréales; lorsque ce sera à partie égale, si nous les avons soumis à la dessiccation, et réduit le parenchyme à l'état de farine.

Produit de la Pomme-de-terre en farine par dessiccation.

Établissons ce rapport et procurons-nous, avant tout, un sac de notre farine du poids de 325 liv.

Or, à 25 liv. par quintal, c'est 13 quintaux de pommes-de-terre dont nous obtenons les 325 liv.

Cette modification de nos produits, leur conversion en une farine susceptible de se conserver des années entières, de faire un très-bon pain, enfin, d'économiser moitié de farines céréales; tout cela ne semble-t-il pas devoir favoriser l'industrie commerciale, et commander à l'économie privée, mais surtout à celle des grands établissemens publics qui ont des bras et des locaux, cette spéculation qui réunit tous les intérêts?

Le propriétaire rural, dont le simple fournil est disposé avec assez d'intelligence pour devoir prendre le nom de boulangerie, a ménagé au-dessus de son four une pièce qui devient étuve, et dans laquelle il peut, à chaque fournée, mettre sécher les 48 à 50 livres de fécule, ainsi que dans son four, après que le pain en est tiré, les 27 à 28 liv. de parenchyme : ces produits, extraits de 3 quintaux de pommes-de-terre, lui représenteront 100 liv. de pain d'excellente qualité ; ressource qu'il se sera ménagée si les moulins chanment dans le temps des semailles, enfin, dans le cas de renchérissement des grains : il lui en aura coûté 3 quintaux de pommes-de-terre, et trois heures au plus de manutention. Existe-t-il un pain à plus bas prix ! Ma tâche est remplie, si je me suis imposé celle d'écrire pour l'économie.

De la Conservation des Pommes-de-terre.

D'après les procédés de dessiccation des farines de la pomme-de-terre, excepté la quantité de ces tubercules à conserver pour la reproduction, comment s'occuper des moyens de la conservation si hasardeuse d'une substance qui contient 75 liv. d'eau au quintal, et dont les 25 liv. de farine extraite peuvent se conserver vingt-cinq ans ?

Des Pommes-de-terre gelées.

Ont-elles été surprises par la gelée (et c'est le sort que souvent elles éprouvent), il n'y a que l'eau de végétation qui en soit altérée ; la fécule et le parenchyme peuvent en être extraits ; soit en dégelant les tubercules à l'eau froide, ce qui leur rend une fermeté du moment qui permet de les soumettre à l'action de la râpe ; soit en les exprimant encore amollies à l'aide d'une forte presse : alors l'eau s'écoule et les deux produits se confondent. Il importe d'autant plus de les laver, que leur eau de végétation a été totalement décomposée.

De la Cuisson à la vapeur.

L'économie domestique a tenté l'emploi de la pomme-de-terre cuite et gruautée. Simplifions cette cuisson.

Cuite en pleine eau, en raison de la grande quantité que ce mode de cuisson en exige, il en coûte beaucoup de temps et beaucoup de combustible ; tandis qu'à la vapeur il y a, sur tout cela, une grande économie, indépendamment de ce que la pomme-de-terre en est améliorée. Ce devrait être le mode de cuire la plupart des légumes.

Il ne s'agit plus alors que d'entretenir bouillante, dans une chaudière, cinq ou six pintes d'eau pour cuire un quintal de tubercules. On a un tonneau dont la base doit s'ajuster avec l'ouverture de la chaudière, de manière à ne pas laisser échapper de vapeur, et dont l'orifice supérieur doit être également bien fermé.

Enfin une grille soutient la masse, pour l'isoler de l'eau, dont la vapeur seule opère la cuisson. Il y a des contrées où ce moyen est devenu populaire.

La pomme-de-terre a perdu pendant la cuisson une portion de son eau de végétation; en la gruautant toute brûlante, elle en perd encore une partie, en sorte que c'est moins d'eau et plus de saveur qu'elle porte à la pâte.

Des Circonstances qui rendent indispensable cette association.

Établissons un principe, et pour n'avoir point à y revenir, en traitant des procédés que ces préliminaires rendront très-concis, établissons que dans tous les temps, mais surtout quand la qualité des céréales se trouve altérée, l'association de nos produits contribue à améliorer le pain, en absorbant le goût et la saveur de pareilles farines; en sorte que l'économie devient alors le moindre avantage de cette heureuse association, surtout parce qu'enfin elle contribue à rendre l'aliment plus salubre.

Observation importante sur la qualité plus ou moins nourrissante du pain dans lequel entre la pomme-de-terre.

Il importe d'insister sur l'excédant de poids

et de masse qu'on recherche et s'applaudit d'obtenir par l'association de la pomme-de-terre. C'est ici que *le mieux est l'ennemi du bien* et ne compromettons pas la qualité éminemment nutritive de notre pain par l'excès d'humidité, qu'il n'est que trop disposé à absorber.

Disons donc que tout pain de céréales admet une quantité déterminée d'eau, laquelle *combinée* est vraiment nutritive. Parvient-on à en introduire en plus grande quantité? cette eau ne se métamorphose point en pain, c'est de l'eau en plus.

Pain composé de Pommes-de-terre cuites et employées dans cet état.

C'est un des premiers emplois qu'on ait tentés de la pomme-de-terre, en même temps que c'est une des premières erreurs de l'économie, parce que, dans cet état d'un excès d'humidité, c'est du quart au tiers qu'on en faisait entrer dans la co-panification.

En effet, en mélangeant 5 liv. de pommes-de-terre à 15 livres de farines céréales, destinées à donner 20 liv. de pain, c'est de 22 à 25 liv. que pesera la masse, et la bonté du pain est compromise ; il est *doux-levé*, et le plus souvent *mat* à sa base.

Obtient-on plus? c'est de l'eau en excès; et, dans ce cas, l'estomac ne se met point d'accord avec le volume et la balance qui a pesé la ration.

Pain composé de Pommes-de-terre cuites à la vapeur, et gruautées.

La pomme-de-terre cuite à la vapeur et réduite en gruau, s'améliore, avons-nous dit, de saveur, en même temps qu'elle a perdu une portion de son humidité. Quant à la proportion qu'on peut en introduire dans le pain, cela tient à la qualité et à la sécheresse de sa farine; car, voici encore beaucoup d'eau de végétation que ce produit porte à la pâte.

Pain composé de Pommes-de-terre cuites à la vapeur, gruautées, desséchees et réduites en farine.

Nous ne ferons qu'indiquer ce procédé, comme ne pouvant pas devenir commercial, quoique donnant le pain le plus savoureux et le plus économique; mais il doit être revendiqué par les administrations militaires, maritimes et hospitalières, auxquelles il offre la meilleure substance nutritive; appropriations nouvelles qui sont devenues l'objet de mon Traité sur les bases alimentaires, publié en 1813.

Pain composé de farines par extraction,
employées récemment exprimées.

Voici la fécule et le parenchyme réunis pour entrer dans la composition du pain. Mais quelle en sera la proportion ? Elle va dépendre d'abord du lavage exact de nos produits dans une eau abondante et pure qui les dégage de l'eau de végétation pour rendre moins sensible la présence de la pomme-de-terre, en outre de la plus forte expression, à l'effet de porter le moins d'humidité possible avec eux ; car les levains (et il les faut abondans) apportent déjà la leur.

Toutefois, si la farine à laquelle on les allie est altérée, fraîche, molle, nos produits ne doivent entrer qu'au tiers, pour être inaperçus à l'odeur et à la saveur.

Mais, dans les grandes manutentions, on a élevé avec succès cette proportion à moitié.

Observons que nos deux produits, ainsi confondus, n'exigent pas l'emploi du moment ; bien lavés, fortement exprimés, exposés à un air libre, enfin, remaniés trois ou quatre fois dans la journée, ils se conservent bien dans cet état l'espace de plusieurs jours.

Pain composé de farine par extraction et soumise à la dessiccation.

Cet emploi de nos produits, soumis à la dessiccation et le parenchyme à l'état farineux, devient le procédé qui remplit le plus efficacement le vœu de l'économie publique et privée ; car, dans les circonstances actuelles, ce vœu ne peut être que la plus grande économie des farines céréales. Or, cette économie est de moitié.

Combien cette association, à partie égale, des deux farines ainsi assimilées, simplifie les procédés de fabrication, en les faisant rentrer dans ceux de la fabrication ordinaire !

C'est avec des farines sèches, et dès lors susceptibles d'absorber plus d'eau, que tout pain se fait ; et c'est dans cet état que nous apportons la nôtre. L'expérience a prouvé que le froment et sa farine passés à l'étuve *rendent plus en pain*; c'est aussi de l'étuve que sort notre farine par extraction.

Pain composé de fécule et farine céréale.

Rappelons-nous que l'amidon de pomme-de-terre s'assimile avec celui des céréales. Dès lors, leur associer notre fécule à partie égale, c'est économiser moitié de ces dernières et dou-

bler la substance alimentaire ; il y a des autorités auxquelles il faut bien que cèdent l'habitude
et les préjugés ; mais aujourd'hui le préjugé est
détruit ; et ces autorités sont la science, l'art,
l'hygienne, l'économie publique et privée.

C'est surtout ici le cas de ne pas établir de
proportion, puisqu'il s'agit de deux substances
(une et même) *de l'amidon.*

Mais, en faisant entrer la seule fécule dans
le pain, d'après ce procédé-ci, sauvons le parenchyme, destiné à améliorer tout pain dans
lequel il entre.

Pain composé de parenchymes et de farines céréales.

C'est 40 liv. de pain que le setier de pommes-
de-terre, pesant 300 liv., rend à la consomma-
tion. Préparons ce pain.

Le parenchyme lavé, exprimé, péut s'employer dans cet état : on le mouille d'eau voisine
du degré de l'ébullition, ce qui le dispose à
se fondre ; on le malaxe, ajoutant peu à peu
de la même eau, pour la réduire en une sorte
de pâte. Alors on l'introduit dans le levain, et
on y ajoute successivement partie égale de la
farine qu'on veut lui associer.

La ménagère aura l'attention de *déchique-ter les pâtons*, à l'aide du pouce faisant levier sur la seconde articulation de l'index. Ce moyen simple opère un mélange tellement exact du parenchyme, qu'il disparaît dans la masse; enfin on passe au *pétrissage*: il diffère de celui de farine pure de froment, en ce que la pâte de cette dernière exige de l'eau plus froide que chaude; que le pétrissage des farines tendres et molles fatigue la pâte, et leur ôte de son ressort, ce qui rend nécessaire le *bassinage* à l'eau froide et une légère addition de sel; tandis que le pétrissage prolongé de notre pâte lui donne du ressort, en y *fondant* complétement le parenchyme.

Dernière Observation *sur ce pain.*

Ce pain est très-nutritif et très-savoureux; le parenchyme est, on le répète, le gruau de la pomme-de-terre, et, conséquemment, de ses principes le plus substantiel.

Si la pomme-de-terre est pelée, il sera blanc; dans le cas contraire, il sera gris, et on sait que sa saveur n'en est point altérée: le fera-t-on rentrer, en raison de sa couleur, dans les *pains bis-blancs?* Alors, on pourra

se procurer à meilleur marché ce pain, qui appartient aux pains de meilleure qualité, d'après les propriétés que nous lui assignons.

Quoique déjà j'eusse signalé les propriétés de ce parenchyme, l'existence de son pain et de cette association, à parties égales, avec les céréales, ne date que du moment présent : fixons donc l'opinion d'une manière irrévocable sur la solution de ce problème, savoir, *un pain qui en coûtera rien à l'indigence.*

Une expérience qui n'exige pas le lent ajournement du temps, et qui peut se réaliser dans le jour même, impose l'obligation d'une sévère exactitude. Je vais m'y renfermer.

Ce problème est donc de procurer à l'habitant de la campagne, réduit à l'extrême indigence, un pain excellent qui soit *le don gratuit de l'économie.* En voici la solution : De 100 liv. de pommes-de-terre, notre indigent obtiendra 16 liv. de fécule qu'il ira vendre, et dont il achetera 15 ou 18 livres de farine d'orge, selon qu'elle serait plus ou moins chère : en y associant ses 9 liv. de parenchyme réservé, c'est une masse panaire de 34 ou 38 liv. qu'il aura obtenue de ce mélange, et dont les 9 liv. de parenchyme représenteront de 13 à 14 liv. en pain. Le prix de la fécule acquittera son quintal de pommes-de-terre, et sa farine d'orge. Est-il de même privé de broussailles pour chauffer son four? il n'a pas dépensé les 6 francs, valeur de sa fécule, dont le prix, dans tous les temps, a été de 10 sous la livre, et qu'il vendra 8. Ne parlons pas de ses ustensiles : c'est une râpe et un clayon d'osier ; son temps; le temps d'un homme qui, faute de travail, meurt de faim ! Quel en est le prix ?

CONCLUSION.

Voici donc, dans le système alimentaire des peuples, la plus heureuse révolution, que deux siècles avaient lentement préparée, et que l'époque actuelle aura terminée; puisque la pomme-de-terre, d'après ses nouvelles appropriations, vient aujourd'hui rétablir l'équilibre de la subsistance publique, en se plaçant, à l'égal des céréales, dans un des deux plateaux de sa balance. Puisse l'économie voir se réaliser cette révolution qui aura été l'ouvrage de cette science !

TABLE DES MATIÈRES.

FIN.

www.ingramcontent.com/pod-product-compliance
Lightning Source LLC
Chambersburg PA
CBHW061630050726
47595CB00007B/3129